SUDOKU

NERD PUZZLE BOOK

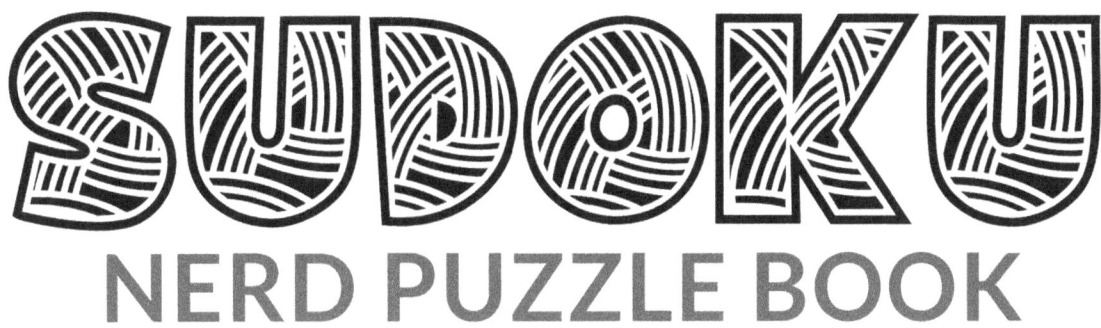

EASY

3	2	4			8	7	5	
9				4	7			2
1		5	6			4		
	5				2		6	1
			7				3	
8	3		1			9		7
	8		2		9			
7			8	3		5		
2		1					8	

100 Large Print Nerdy Puzzles

For Adults & Seniors - With Solutions

Designed by AcidTest Publishing
Copyright © AcidTest Publishing (2020)

All rights reserved. No part of this publication may be reproduced, stored in a retrieval system, or transmitted in any form, including photocopying, electronic, mechanical or recording, without the written consent of the author.

Puzzle #1
EASY

							5	8
	8					1	4	7
		1	4		5	6		
1		7					3	2
	5		3	7	4	8	1	
	3			2	6			9
	4	8	5	6		2		
3	9		2	4				5
	1		7		8			

Puzzle #2
EASY

		9	1	4	8			6
7	6					4	1	
	8	4				2	9	5
	5		8				6	
8			5			9		
9				3	7			4
3					9			
2		1				3	5	
			3			8	4	2

Puzzle #3
EASY

2	7	1	6	9				
3	6			4	2	5		
4				3	1	7	2	6
		6			4			
1	2			7				
	3	9			6		5	
						8		4
	8				3	2	6	
		3		5		9	1	

Puzzle #4
EASY

5	7	1	6					8
				2	4	7		6
	6		7	8				3
	9		5		6			
	2		9	4		1		
1	3	6	2			5		
		8	3		7			
6			4		2		3	
	5	3	8	6		2	7	

Puzzle #5
EASY

5			9			7		1
2		1		4	7	3		6
7		6		3	1	8	4	
3						2	7	
		8	7	9				4
	7		6					
							6	7
				2	5	1	3	9
			4	7			8	

Puzzle #6
EASY

		8	7				6	9
	7	5			6			
6		9	8	5			4	7
				7	2	4	5	
						8		
		4		3		9	1	
2	5	6	3		1			
3	8			6	7			
			8	5	3			

Puzzle #7
EASY

	5			2				7
	1	3	9	4		6		
2	8	6			1			4
3		8				1	5	
6	9			5		4		3
	4	7		9			8	6
				6	9			
			2				3	1
8		9	5		4	7		

Puzzle #8
EASY

7			4			3		5
	3						6	
			2	3	9	4		8
1				5	2		9	
		9	6			7	8	3
	6		9		7	1		2
3				9		8	1	6
				2		5		
8	7	1		6	3			

Puzzle #9
EASY

			3		2	1		4
8	4	1				9	3	
3		2	9	1	4	8	7	5
7				9			2	
2		9		4		5		
			1	2				
6		8		5	9	4		
					6			8
		5	8			7	9	

Puzzle #10
EASY

	1				8	4		5
	7			9			3	
	9	4	5			6	2	
			8		3	9	5	6
9			1		2			
	4			7			1	
5			6	1				2
	7				4			9
4	6		3			1		8

Puzzle #11
EASY

	5				6	8		
	4	8		2				5
						1	4	
			2	4	5			8
		8			3	2	1	
2		9		1	8		6	
			8	7			9	1
1	2			9	5			4
		6	4			7		2

Puzzle #12
EASY

					3	2		9
4		3			9			
		8			6	4		3
	6		8	3	4		2	5
	5	4				3	9	
1	3			6	5	8	4	
				9	7			8
		1			8	7	5	
6				1				4

Puzzle #13
EASY

1	9						4	3
	5	2			1		8	
			4		9	5		2
7	4				6	2	5	8
		5	7	4	2	3		1
		1		3		7		
5			9					
			6	2		8		
	7		8		5			

Puzzle #14
EASY

	3		2	9	7			
6		5	8	1		3		9
4	9	2					1	7
7		9		5				3
8		4	3	2				
				7	1	5	4	8
	8				2	7	6	
2				8		1	3	9
							2	8

Puzzle #15

EASY

	9				7	6		
		5	3	2				
	1	7			5	4		3
6	3						8	9
				4		1	6	
7	2					3		4
8	7	3			6	5	4	
	5	2					7	
9			5	7	1	2		

Puzzle #16
EASY

		8	4			3		9
					1			5
		1			5	7		8
1					9	4	5	3
5	3		1		4			7
	4	6			3		9	2
		2	9	3	6	5		
9		5	2	4				
	7	3		1				4

Puzzle #17

EASY

6	5		4			1		
		1			2		8	3
	9		5	8		7	6	4
	8		2				3	
	4	9			8	2		7
	6			9	3		5	8
8	3	5					7	
				2	6	3	9	
9				7		8		

Puzzle #18
EASY

	4			5				1
		1		8	9		7	
5	8			3				
2		3	9	4	5			
	6		7	2	3		9	5
7		5					2	
			8		1		5	
	5		3			6	4	
8			5				1	7

Puzzle #19
EASY

	6					4	7	3
7		4	9					8
	1			7	8	2		
	7		1				5	
	4	3		2	6	9	8	
	8	1	3					
	9	7	5					6
		6		3			2	4
		2	6	4		1		

Puzzle #20
EASY

5		6				9		2
7	1			2			8	5
9					1	4		6
		8	5	4				
		9		8		5		
		5	6		9	8	3	4
			3	7	5	6		
				9	2		5	
3		2	1				4	9

Puzzle #21
EASY

5	9			8		7	1	
					7	9	5	
		7	5	2				3
			2		4		8	1
	1	3	7					
8	4			6	1		2	
	5	1						9
7			4	1		2	6	
		8	6				7	

Puzzle #22
EASY

3			8		7			1
	2			6	9	7	3	8
	6	7				5		
9								
1				5		4	7	
			7		3	9	8	6
7	9	4		3			2	
		2					8	7
		8	6					4

Puzzle #23
EASY

		9						1
5			6	9				
	8						6	7
	1			2	9		3	
		7	4	3	8	5	1	
9				5		2		8
		6			1	7		4
	7			6		9		
	9	8		7	3	1	6	5

Puzzle #24
EASY

		9			5	8	3	
1		3		9		6		
			4		3	9		
8				3			6	9
9	1	5		4	6		2	
6		4	2	7				
5	8	2		1				6
			3					4
3				8	7		9	5

Puzzle #25
EASY

3		7	6		4			1
	9	1			8			
	5	4				6	7	
		3					4	6
		9	2	6	5	8		
				4		2	9	
7			1	8	6		2	
	3	8		9	2	5		
	6	2		7				

Puzzle #26
EASY

9				5		1		3
			1	6	3			
7		3		9		5		
				8	4		3	
	3					7		2
1		8	3		6			
3		1			7	4	6	8
	6	7	8	4	9		1	
		5		3		2		9

Puzzle #27
EASY

			9		1			7
6	7	2	4	5		9		
					2			4
7			1	4	8	3		6
				6		7		9	2
3			2		5	7		8
		6	8		4			5
							6	3
	4	5		1		8	7	

Puzzle #28
EASY

8	1			7		2		
		2	6					7
6						8	5	
		6				3	4	5
4				2	6	9		
7				8		1		
	2	4			1		8	
5		8	9		3		2	
1	7	9				5	3	

Puzzle #29
EASY

	4	1					6	3
3					7	4		1
8	5				3	9	7	
				1			2	8
			2	3	4		6	9
			8	7				5
1			7				3	4
2		5			9		1	
4	8			5	1			6

Puzzle #30
EASY

8	1		5	4		2		6
	2	9	7				4	
3		6				8	5	7
6	7			5	8			
		3		6				8
2			9					
4		8					1	
	6			3	4	9	8	
9			8		1			3

Puzzle #31

EASY

1				8	9		4	5
	9	2	4	3				
5	6	4	7		2	3	8	9
6	5		9			4		1
				6		9		
2								7
	4			5		1		3
9			1		3			
3						6		2

Puzzle #32
EASY

3			9				1	4
	9			3	8	7		
8	2		1					
1		4			5			2
		2	6	1			8	7
	8	7			2	6		
				6		1		
7	1	9		8		4		5
6		3	7				9	

Puzzle #33
EASY

	6	9						2
		7	4			3	5	
				5		8		9
6	3		2		1			5
1	7	5	9				2	
	9		5	4			3	
7		3	1		6	9		
			7		5		1	
		2		3				

Puzzle #34
EASY

6		9		4	2			
			6				9	3
			9	1	7			5
3	9		2	6				8
2		6	5		1			
4	7	5	8	9				
	3	4	7			2		
1					5	3	8	9
				3			4	6

Puzzle #35
EASY

	2					5	4	3
	3		4	2	5			
	4		9				7	6
		7	2	5		4		
6		1			4		3	
2	9		7	3		6	5	
	1			7	2		6	
		2			8	9		4
		6	1	4		3		

Puzzle #36
EASY

	8	7	3				5	
6	4	5		1				8
	9				5		2	
		9			6	2		3
		2	5	7	1	6	8	
8					9		1	
			6	4		3		
9				5				
3		4	9	2		8	6	

Puzzle #37
EASY

	4	6					9	2
	5		2			1		6
1	2	3	6					
	8		5			9		
6		4	1	8		2		
							4	8
3		2	4	5				
9		5		6		8		
4	1	8		9	2	5		

Puzzle #38
EASY

2		8	4	9		3		1
	9	1	8				5	4
				6		8		
			9	5	7	1		3
		3				5		2
1				4	2	7		
	6	5				9	2	
			2		8			
4			5	3		6		7

Puzzle #39
EASY

	8	4	1	9		6		5
		3	6					
7				4	3		2	
		9	2	7	5	8		
	6	7						
		5		3		4		9
5	3	2	4				8	7
				8	2	5	9	
4		8		5				2

Puzzle #40
EASY

			3	1	8	4	6	
		4	2					9
6		8			9	3		
	4	6				5	8	7
9			8					
8	3				6			1
				3		7	5	
7					4	1		
2	6		1	8	7	9	3	

Puzzle #41
EASY

		1	5	6		3		
3							6	1
			3		4	8	9	
7			2	3	1		5	
4	6	3	7			1	2	8
		5	8	4		9		3
	1		6	2		7		
6					5			
5				9		4	8	

Puzzle #42
EASY

	2		1		5	9	8	
4	1			6				
3	5		2	4		7	1	
2		7		1		8		
			6		3			9
6				8		4		5
		2			8			7
9					1	2		
	7	5		2				1

Puzzle #43
EASY

	4				7	6		8
		7	9	5		1		
								4
3				4		7	2	
4		5		7	2		8	
2	7		8		3			
7	8	9	3	6		2		
				2		9		3
	3	2	4				1	7

Puzzle #44

EASY

8	2			6	9	1		
	7			2				6
	5		1		3			4
	3		9		6	4		
6	8		2	7		3		
4				5			7	2
						5		7
	9	3	8		7			
1		7		9	2			

Puzzle #45
EASY

9	3					5	8	4
5		7		4	6		2	3
				3	9	1		
	5		9		1			
			3			6	9	
	9				8	3		5
7		5						
	6	4		9	5			8
	2		1	8	4		5	

Puzzle #46
EASY

	7	3		5	9			8
		8	7	6	4			
		5				4	1	
	8			3			6	1
	1				2		8	3
9		6	8					2
8	6			9				5
	5		3	1			9	4
	4						7	6

Puzzle #47

EASY

				8	7		9	3
8	9	3	6		1		2	4
		5				8		
1	2		8	4				7
5	4		3		9			2
7					6			
								5
	2	6	7		9	8	3	1
		4		6	3	2		

Puzzle #48
EASY

				7	1			
		6	2				7	5
7								2
1	9	3		4			2	8
	2				5	3	1	7
	7				3		9	6
2				8	7	4		1
	6	7	4	1			5	9
	8			5			7	2

Puzzle #49
EASY

2	7	1	4	9	3			
4	6				5		9	
	9	5	6	8			7	4
			1	3		4	2	
	4	7		6		3		
	3	2			8	5		
9				5	4			1
			8					
	8	4	3		6			

Puzzle #50
EASY

1	6	9	8					4
2	3		5					
7								9
	2						6	5
				3		7	9	
		7	9	6	2			1
8	9	2	1		3	4	7	
	7					9		
4	1	3			6	5		8

Puzzle #51

EASY

5	3	6				8		
			3	9	6		2	
	2		1	5	8			
6				8		1		
9	8				5			
	5	7	2				8	6
4			8		2	3		1
			5	7	3			4
	7		4			6		8

Puzzle #52
EASY

5		1		2	9	7		
	2	3		6		1		
			1	8	4			5
7				9	3			
	9		4		6			
	4	6	2				9	
2	3		6		7	9		
9	1	7		3		4	6	
8								1

Puzzle #53
EASY

3	2	5		8		6		
7		6				1		8
		1			7		2	
6	7	3	4			5		
	5				2			6
	1	2		6	3		4	
			3		9		8	5
2	3		8				6	9
5						4		

Puzzle #54
EASY

9	7		2	3				6
		6		9	7	3	1	
		4				8		
			9		6	7	3	
		3		4		9	6	
6		9				2	5	1
			5	2				3
	3		8	7	4			
		5	3	6	1		2	

Puzzle #55
EASY

8	9	7	3	6	2		5	1
5	4					7		3
2			4	5				6
9	6	8						
		1	7				9	
	2		9	1				
			8		4	2		7
3								
	7		6	9		8		

Puzzle #56
EASY

					9	7		
5			4					
6	3				2		8	
		5	9		8		1	6
8	6	7	2				9	4
	2				6	5	7	8
		3	5				2	7
	9	2			7		3	
				2	3	1		9

Puzzle #57

EASY

			8	2	5			
9				4				7
6	5				1	3	2	4
							5	3
8	7		3		4		1	9
		5	1	9		4	7	
				7				5
	1		4	3	6	7		
3			5	8	9	1		2

Puzzle #58
EASY

				9				
3	2		8	5				1
7		5		4			9	
	6	1	4	7	5		3	
	3		1		9		4	
		4	2	3	6	8		7
				6		9	2	
5								8
6		8	7		4	1		

Puzzle #59
EASY

	1	8	9		3		6	
9		3				8		
	5		2		4	3		
8		6	5				2	
5	9		8					7
3				7	9	4		5
1			3		7			
4			1		5	2		
	6				8	1		9

Puzzle #60
EASY

8	6	3						
9			6		7	3		5
5	7		8	4	3			9
	5		4	8	6			1
	8	4		3		6		
			2		1		7	
4				7			2	
3	2	5					7	
	1		9		8	5		

Puzzle #61
EASY

2	1			9				4
6	7		8					3
	3		5	6	2		9	7
				7			4	
1			9			7	5	
7	6		4		8	9	3	
	8	6			5		7	9
4	9		6	2				5
					9			6

Puzzle #62
EASY

3	7		4	6	5		9	1
		5	2	3		7	6	
	1		8		7	3		
							7	3
8	9							2
		7	5		3			9
		6			4			
		4	3	8		1		
1		9				8	5	

Puzzle #63

EASY

		8					2		9
3	2		7	6				8
4	9			8	2			
	4	3	1		5			6
				9		1	4	7
	6					9	5	
					1		8	
8			2		7	5	6	1
	1		8			3	9	

Puzzle #64
EASY

	5			4				6
				1				8
2				6		7	1	5
3				5		2	6	4
4	8	7	2	9	6	1		
	2	6			1	8		
6					9	4		
	4		1		5			7
		3		7	4			

Puzzle #65
EASY

				1		7		4
	4		3	7	9	8	2	5
					6			9
			8			5		
5		6			7	4		2
	2	7			4	1		
		3	9			2	8	
		8	6	4				
	1			2		6	4	

Puzzle #66
EASY

				7		2		
7	8	4		3		1		6
6		2			4	7		
1	4			6				
	5		4		7	3	9	
				1	2		6	5
4			3			9		
8	9						2	
	2				8	6	3	4

Puzzle #67

EASY

	2			8		5		4
	4	6	1		5	7		
		7	6					9
4	5		2				7	
							2	
			3	5		6	4	8
7	9				2	3	5	6
3			4	7	9			1
		1		3				

Puzzle #68
EASY

		8			1	3		2
2			3	5		8	9	
6	3			9			7	1
5	4			1			2	
		2		7	3	4	5	6
		6			5			9
8			1	6	7			5
4						2		
	9	5		3				8

Puzzle #69
EASY

	4			3	5	9	7	1
			2	6	7			8
3		7						
	7	9		8	3	4		
	2				1		9	
		3			2	1		
	3		1		9		6	
6	9			7	8		1	2
5			4			7		

Puzzle #70
EASY

4		7	3			5	8	
2			1		4		7	
	1			7	8			6
1		9	5	4		7	3	8
	5		7				9	
	3				9		6	5
			6		5	3		4
		8			1	6	5	
		4		3				

Puzzle #71

EASY

		8		1	2	4	6	7
4					3			1
5		6			4			
			3	7		2		
3	5	4			1	7	9	8
2							3	
	6	2				8	5	
7		5			6		1	3
	9			4	5			

Puzzle #72
EASY

					1	8		
		1		7		5		
5	8		4		2		7	
4		6	2		7	9		
				9	6		4	7
9	1	7	5	4		3	6	
					3	4		6
	6		8	1			7	9
			9				2	8

Puzzle #73
EASY

8			7	5		6	1	
4					8			5
		9	4	1		3		8
	4	5	8	6	2		3	7
6				3	1		5	
	2			7	4			6
2	9				7	5	6	
		6			5		8	
	5					2		

Puzzle #74
EASY

	7						8		
1		4			7	5	6	
			1			3	7	
5		7			6	4		3
2	3		9		4			
4		1	8	7	3	6		
6		9					8	
			5				4	6
8			7		1	9	3	

Puzzle #75

EASY

3	5			9		7		
	7		3	2			9	
6		9					3	5
			9		3		2	
9	2		4					3
		3		5	7	6	8	
7	9	6				1	4	
2		4			9			
8			1	7		9		

Puzzle #76
EASY

	6						5		8
7	4		6	8			3	
8		5	9	3	4			2
		7				4		
1		8		4	3	2		7
					6			
9		6		7	2	1		
		1					5	
	8			5	9	7		

Puzzle #77
EASY

5		1	6		8		7	
			2		1			3
		2				1	4	5
2		8			7		9	1
3					6	2		
	9	4			2	3	8	
1	8	3		6		5	2	9
			3					
	7		1		5			

Puzzle #78
EASY

9	4	3		6			2	
		5	7	1	9			
	1	8	4	3		5	6	9
	3	2			7			
	7					4		
4		9	2	8				3
		1	6	5		2		8
			1		3	6	9	
	6			8				

Puzzle #79

EASY

			8			4		3
8		3					7	
2	4			6		9		1
	1		7				2	4
		4			5	8		7
					2			
		2	9			5	1	
7	6	8	5	1			4	9
1			2	8			3	6

Puzzle #80
EASY

8	6				9	5		
7		5						
1					2		6	4
6				1			2	8
9		1			3		4	
	5	8	6	4		3	9	
	1					4	8	7
			7			2	3	9
	9			8		1	5	

Puzzle #81
EASY

	4	8		1		9		7
		6		3	9		5	
	1	9						
8		4			3		7	
1		2	9	6				8
	9			8			2	5
6			2		1			
	3	1	7				8	
9			3	4	8	7		6

Puzzle #82
EASY

		4			2			7
		6	5		7	2		
7	3			1	8			9
	7				4			6
		9	6					
	1		8		3			
9					6	4	3	8
2	4			8			9	1
3		8	1	4	9	7		5

Puzzle #83

EASY

		3		8	5			
5							4	6
	7	2	4					
	5	7	2	6				
1		6		4			2	3
		4	3	9	7			5
6	2				4	1	3	
8	3			7		5		
			6		3	9	8	2

Puzzle #84
EASY

6				4			2	3
	7	1	9	2			6	4
2			1	5	6			
	2		8	3				
		4			7	8		
7	9					3	4	
5	3	6	4		2	9	1	7
			5			4		
4								

Puzzle #85

EASY

	7	5	2	9		1		
					6	2		
1		2		5	7			9
4	1						3	
5	9	8		3			4	
		7	1	4	8			6
		1	4			3	9	8
3				8			2	
	2		7	6				

Puzzle #86

EASY

		1				4		
5		2		3	8			1
9	6					7		
					1	9		
	8					1	6	4
4			7			8		5
1				5	7		4	
	9			8	4	2	1	
7		3	2	1	6		8	9

Puzzle #87
EASY

2			9		5			
3		5	8		1	9	7	
	6	9		3		5		
		2	7	9	3	6		
4		6		2		7		
		3		5		2	8	
	9			4				
	4				6	1		
8	2	7	5				4	

Puzzle #88

EASY

		9			5			3
6	1	8					5	
			4		6	8	9	2
9		3		4		5		
1		2		3			7	
	4		9	5			3	1
				7	2	9	6	
							4	
7	6			9		3	2	

Puzzle #89

EASY

	9					5		
	5			9		2	4	6
	6		5	3	2	1	9	7
3		9		1			2	
		1	8	4			7	
	8		9					
		2	3	5	9	6		
9	3		4			7	5	
		4			6			8

Puzzle #90
EASY

5		3	2	4	1			
	4		6				9	
				8	3	5	4	1
9		2	8	3				
			4	5	2	6		
	8				7		3	
	1	9						7
8	3				9	4		6
7	2			6	8			

Puzzle #91

EASY

	8		7	2		5		
5				1	3	8		4
3			8	5		6	7	
4		1		7		3	9	2
				3	5			1
	3		1			4		
	7		2			1	3	5
	9	3				2	4	
					1		8	

Puzzle #92
EASY

7							2	
	8		6				1	
	4	1	7	5	9	8		
9		5		3	6			2
			2	8	5	9		
6				7	1		4	5
4	9		3		8	2		1
	5			4				7
		2					3	

Puzzle #93

EASY

8		2	6	5	7	1		4
1				4		8		
							9	7
			3					1
	8	1	7		2	9	4	
6	2		5		9	3		
	3				6	4	1	
		7	1					
9				3	8		5	2

Puzzle #94
EASY

5		9	6					2
	8	2		4	9	6	5	7
	6	1			2	4	9	
4				3		5		
		7		2		8		
9	1	5			6	2		
8				4			2	
	7		8	1			4	
	5					3		6

Puzzle #95

EASY

				1			5	
8	4	3					9	
	7		9		2			
	3	5	4		6	9		
	9	6		8	1		7	3
			3			4	1	
3	5				8	7		
	1		7	2			3	9
		7		4	3	1		

Puzzle #96
EASY

		4			3			8
9			4			5	3	
		3	5					2
7					2			3
		6	1	8		9	2	
4			7		9	1		
3	2					6	7	4
		9		7				
	1	7	2	4	5	3		

Puzzle #97

EASY

5		7			8			1
9				1	3			8
		6	2	7				
	2	1	5	6	7	3	9	4
				4			6	2
6								7
4				9	6		1	
		5	7		4	9		
		9	8				4	3

Puzzle #98
EASY

5	7	2				8		1
			5	2				4
		9		1		5		7
				9	5	1		3
		3	8				4	2
1		6	4		3	9		
			1		9		8	
4	9						1	
8				5		2	7	

Puzzle #99
EASY

8		2	6	1			4		
			8		9			5
	4			5	2		6	
	2	8			1			6
4			2		6	3		1
			4	7	5	9		
			1	2			8	4
	1		5	6	8			
2								3

Puzzle #100
EASY

				1		4		
1		8	5	4			3	9
4		6	2	3	9			7
3	6		4			1		
				8	3			
8	2	1	9	6				
	9	3	6	5				1
		5			1			
			8		7		9	3

SOLUTIONS

Puzzle # 1

4	2	3	6	1	7	9	5	8
6	8	5	9	3	2	1	4	7
9	7	1	4	8	5	6	2	3
1	6	7	8	5	9	4	3	2
2	5	9	3	7	4	8	1	6
8	3	4	1	2	6	5	7	9
7	4	8	5	6	3	2	9	1
3	9	6	2	4	1	7	8	5
5	1	2	7	9	8	3	6	4

Puzzle # 2

5	2	9	1	4	8	7	3	6
7	6	3	9	2	5	4	1	8
1	8	4	7	6	3	2	9	5
4	5	7	8	9	2	1	6	3
8	3	6	5	1	4	9	2	7
9	1	2	6	3	7	5	8	4
3	4	8	2	5	9	6	7	1
2	7	1	4	8	6	3	5	9
6	9	5	3	7	1	8	4	2

Puzzle # 3

2	7	1	6	9	5	3	4	8
3	6	8	7	4	2	5	9	1
4	9	5	8	3	1	7	2	6
8	5	6	3	2	4	1	7	9
1	2	4	5	7	9	6	8	3
7	3	9	1	8	6	4	5	2
5	1	2	9	6	7	8	3	4
9	8	7	4	1	3	2	6	5
6	4	3	2	5	8	9	1	7

Puzzle # 4

5	7	1	6	3	9	4	2	8
3	8	9	1	2	4	7	5	6
4	6	2	7	8	5	9	1	3
7	9	4	5	1	6	3	8	2
8	2	5	9	4	3	1	6	7
1	3	6	2	7	8	5	4	9
2	4	8	3	5	7	6	9	1
6	1	7	4	9	2	8	3	5
9	5	3	8	6	1	2	7	4

Puzzle # 5

5	3	4	9	6	8	7	2	1
2	8	1	5	4	7	3	9	6
7	9	6	2	3	1	8	4	5
3	6	9	1	5	4	2	7	8
1	2	8	7	9	3	6	5	4
4	7	5	6	8	2	9	1	3
8	5	2	3	1	9	4	6	7
6	4	7	8	2	5	1	3	9
9	1	3	4	7	6	5	8	2

Puzzle # 6

1	3	8	7	2	4	6	9	5
4	7	5	9	1	6	2	3	8
6	2	9	8	5	3	1	4	7
8	9	3	1	7	2	4	5	6
5	1	2	6	4	9	8	7	3
7	6	4	5	3	8	9	1	2
2	5	6	3	9	1	7	8	4
3	8	1	4	6	7	5	2	9
9	4	7	2	8	5	3	6	1

Puzzle # 7

9	5	4	6	2	8	3	1	7
7	1	3	9	4	5	6	2	8
2	8	6	7	3	1	5	9	4
3	2	8	4	7	6	1	5	9
6	9	1	8	5	2	4	7	3
5	4	7	1	9	3	2	8	6
1	7	2	3	6	9	8	4	5
4	6	5	2	8	7	9	3	1
8	3	9	5	1	4	7	6	2

Puzzle # 8

7	9	8	4	1	6	3	2	5
2	3	4	8	7	5	9	6	1
6	1	5	2	3	9	4	7	8
1	8	7	3	5	2	6	9	4
5	2	9	6	4	1	7	8	3
4	6	3	9	8	7	1	5	2
3	5	2	7	9	4	8	1	6
9	4	6	1	2	8	5	3	7
8	7	1	5	6	3	2	4	9

Puzzle # 9

9	5	7	3	8	2	1	6	4
8	4	1	7	6	5	9	3	2
3	6	2	9	1	4	8	7	5
7	3	4	5	9	8	6	2	1
2	1	9	6	4	3	5	8	7
5	8	6	1	2	7	3	4	9
6	7	8	2	5	9	4	1	3
1	9	3	4	7	6	2	5	8
4	2	5	8	3	1	7	9	6

Puzzle # 10

3	1	6	7	2	8	4	9	5
2	5	7	4	9	6	8	3	1
8	9	4	5	3	1	6	2	7
7	2	1	8	4	3	9	5	6
9	3	5	1	6	2	7	8	4
6	4	8	9	7	5	2	1	3
5	8	9	6	1	7	3	4	2
1	7	3	2	8	4	5	6	9
4	6	2	3	5	9	1	7	8

Puzzle # 11

9	5	3	1	4	6	8	2	7
6	1	4	8	7	2	9	3	5
7	8	2	3	5	9	1	4	6
3	6	1	9	2	4	5	7	8
5	4	8	7	6	3	2	1	9
2	7	9	5	1	8	4	6	3
4	3	5	2	8	7	6	9	1
1	2	7	6	9	5	3	8	4
8	9	6	4	3	1	7	5	2

Puzzle # 12

5	1	6	4	7	3	2	8	9
4	7	3	2	8	9	5	6	1
9	2	8	1	5	6	4	7	3
7	6	9	8	3	4	1	2	5
8	5	4	7	2	1	3	9	6
1	3	2	9	6	5	8	4	7
2	4	5	3	9	7	6	1	8
3	9	1	6	4	8	7	5	2
6	8	7	5	1	2	9	3	4

Puzzle # 13

1	9	8	2	5	7	6	4	3
4	5	2	3	6	1	9	8	7
6	3	7	4	8	9	5	1	2
7	4	3	1	9	6	2	5	8
8	6	5	7	4	2	3	9	1
9	2	1	5	3	8	7	6	4
5	8	4	9	7	3	1	2	6
3	1	9	6	2	4	8	7	5
2	7	6	8	1	5	4	3	9

Puzzle # 14

1	3	8	2	9	7	4	5	6
6	7	5	8	1	4	3	9	2
4	9	2	5	6	3	8	1	7
7	1	9	4	5	8	6	2	3
8	5	4	3	2	6	9	7	1
3	2	6	9	7	1	5	4	8
9	8	3	1	4	2	7	6	5
2	4	7	6	8	5	1	3	9
5	6	1	7	3	9	2	8	4

Puzzle # 15

3	9	8	4	1	7	6	2	5
4	6	5	3	2	9	8	1	7
2	1	7	6	8	5	4	9	3
6	3	4	1	5	2	7	8	9
5	8	9	7	4	3	1	6	2
7	2	1	9	6	8	3	5	4
8	7	3	2	9	6	5	4	1
1	5	2	8	3	4	9	7	6
9	4	6	5	7	1	2	3	8

Puzzle # 16

7	5	8	4	6	2	3	1	9
3	9	4	8	7	1	2	6	5
2	6	1	3	9	5	7	4	8
1	2	7	6	8	9	4	5	3
5	3	9	1	2	4	6	8	7
8	4	6	7	5	3	1	9	2
4	8	2	9	3	6	5	7	1
9	1	5	2	4	7	8	3	6
6	7	3	5	1	8	9	2	4

Puzzle # 17

6	5	8	4	3	7	1	2	9
4	7	1	9	6	2	5	8	3
2	9	3	5	8	1	7	6	4
5	8	7	2	1	4	9	3	6
3	4	9	6	5	8	2	1	7
1	6	2	7	9	3	4	5	8
8	3	5	1	4	9	6	7	2
7	1	4	8	2	6	3	9	5
9	2	6	3	7	5	8	4	1

Puzzle # 18

9	4	7	2	5	6	8	3	1
6	3	1	4	8	9	5	7	2
5	8	2	1	3	7	9	6	4
2	1	3	9	4	5	7	8	6
4	6	8	7	2	3	1	9	5
7	9	5	6	1	8	4	2	3
3	7	4	8	6	1	2	5	9
1	5	9	3	7	2	6	4	8
8	2	6	5	9	4	3	1	7

Puzzle # 19

9	6	8	2	5	1	4	7	3
7	2	4	9	6	3	5	1	8
3	1	5	4	7	8	2	6	9
6	7	9	1	8	4	3	5	2
5	4	3	7	2	6	9	8	1
2	8	1	3	9	5	6	4	7
4	9	7	5	1	2	8	3	6
1	5	6	8	3	9	7	2	4
8	3	2	6	4	7	1	9	5

Puzzle # 20

5	8	6	7	3	4	9	1	2
7	1	4	9	2	6	3	8	5
9	2	3	8	5	1	4	7	6
6	3	8	5	4	7	2	9	1
1	4	9	2	8	3	5	6	7
2	7	5	6	1	9	8	3	4
4	9	1	3	7	5	6	2	8
8	6	7	4	9	2	1	5	3
3	5	2	1	6	8	7	4	9

Puzzle # 21

5	9	4	3	8	6	7	1	2
3	8	2	1	4	7	9	5	6
1	6	7	5	2	9	8	4	3
9	7	6	2	3	4	5	8	1
2	1	3	7	5	8	6	9	4
8	4	5	9	6	1	3	2	7
6	5	1	8	7	2	4	3	9
7	3	9	4	1	5	2	6	8
4	2	8	6	9	3	1	7	5

Puzzle # 22

3	5	9	8	4	7	2	6	1
4	2	1	5	6	9	7	3	8
8	6	7	3	2	1	5	4	9
9	7	6	2	8	4	1	5	3
1	8	3	9	5	6	4	7	2
2	4	5	7	1	3	9	8	6
7	9	4	1	3	8	6	2	5
6	3	2	4	9	5	8	1	7
5	1	8	6	7	2	3	9	4

Puzzle # 23

7	6	9	8	4	2	3	5	1
5	3	1	6	9	7	8	4	2
2	8	4	3	1	5	6	9	7
8	1	5	7	2	9	4	3	6
6	2	7	4	3	8	5	1	9
9	4	3	1	5	6	2	7	8
3	5	6	9	8	1	7	2	4
1	7	2	5	6	4	9	8	3
4	9	8	2	7	3	1	6	5

Puzzle # 24

4	6	9	1	2	5	8	3	7
1	5	3	7	9	8	6	4	2
2	7	8	4	6	3	9	5	1
8	2	7	5	3	1	4	6	9
9	1	5	8	4	6	7	2	3
6	3	4	2	7	9	5	1	8
5	8	2	9	1	4	3	7	6
7	9	6	3	5	2	1	8	4
3	4	1	6	8	7	2	9	5

Puzzle # 25

3	8	7	6	2	4	9	5	1
6	9	1	7	5	8	4	3	2
2	5	4	9	3	1	6	7	8
5	2	3	8	1	9	7	4	6
4	7	9	2	6	5	8	1	3
8	1	6	3	4	7	2	9	5
7	4	5	1	8	6	3	2	9
1	3	8	4	9	2	5	6	7
9	6	2	5	7	3	1	8	4

Puzzle # 26

9	8	6	7	5	2	1	4	3
4	5	2	1	6	3	8	9	7
7	1	3	4	9	8	5	2	6
5	7	9	2	8	4	6	3	1
6	3	4	9	1	5	7	8	2
1	2	8	3	7	6	9	5	4
3	9	1	5	2	7	4	6	8
2	6	7	8	4	9	3	1	5
8	4	5	6	3	1	2	7	9

Puzzle # 27

4	5	3	9	8	1	6	2	7
6	7	2	4	5	3	9	8	1
1	9	8	7	6	2	5	3	4
7	2	9	1	4	8	3	5	6
5	8	4	6	3	7	1	9	2
3	6	1	2	9	5	7	4	8
9	3	6	8	7	4	2	1	5
8	1	7	5	2	9	4	6	3
2	4	5	3	1	6	8	7	9

Puzzle # 28

8	1	3	4	7	5	2	9	6
9	5	2	6	3	8	4	1	7
6	4	7	2	1	9	8	5	3
2	8	6	1	9	7	3	4	5
4	3	1	5	2	6	9	7	8
7	9	5	3	8	4	1	6	2
3	2	4	7	5	1	6	8	9
5	6	8	9	4	3	7	2	1
1	7	9	8	6	2	5	3	4

Puzzle # 29

7	4	1	5	9	2	6	8	3
3	9	2	6	8	7	4	5	1
8	5	6	1	4	3	9	7	2
6	7	4	9	1	5	3	2	8
5	1	8	2	3	4	7	6	9
9	2	3	8	7	6	1	4	5
1	6	9	7	2	8	5	3	4
2	3	5	4	6	9	8	1	7
4	8	7	3	5	1	2	9	6

Puzzle # 30

8	1	7	5	4	3	2	9	6
5	2	9	7	8	6	3	4	1
3	4	6	1	2	9	8	5	7
6	7	4	3	5	8	1	2	9
1	9	3	4	6	2	5	7	8
2	8	5	9	1	7	6	3	4
4	3	8	6	9	5	7	1	2
7	6	1	2	3	4	9	8	5
9	5	2	8	7	1	4	6	3

Puzzle # 31

1	7	3	6	8	9	2	4	5
8	9	2	4	3	5	7	1	6
5	6	4	7	1	2	3	8	9
6	5	7	9	2	8	4	3	1
4	3	1	5	6	7	9	2	8
2	8	9	3	4	1	5	6	7
7	4	8	2	5	6	1	9	3
9	2	6	1	7	3	8	5	4
3	1	5	8	9	4	6	7	2

Puzzle # 32

3	7	5	9	2	6	8	1	4
4	9	1	5	3	8	7	2	6
8	2	6	1	4	7	3	5	9
1	6	4	8	7	5	9	3	2
9	3	2	6	1	4	5	8	7
5	8	7	3	9	2	6	4	1
2	5	8	4	6	9	1	7	3
7	1	9	2	8	3	4	6	5
6	4	3	7	5	1	2	9	8

Puzzle # 33

5	6	9	3	7	8	1	4	2
8	2	7	4	1	9	3	5	6
3	4	1	6	5	2	8	7	9
6	3	4	2	8	1	7	9	5
1	7	5	9	6	3	4	2	8
2	9	8	5	4	7	6	3	1
7	5	3	1	2	6	9	8	4
4	8	6	7	9	5	2	1	3
9	1	2	8	3	4	5	6	7

Puzzle # 34

6	5	9	3	4	2	8	1	7
7	1	2	6	5	8	9	3	4
8	4	3	9	1	7	6	2	5
3	9	1	2	6	4	5	7	8
2	8	6	5	7	1	4	9	3
4	7	5	8	9	3	1	6	2
9	3	4	7	8	6	2	5	1
1	6	7	4	2	5	3	8	9
5	2	8	1	3	9	7	4	6

Puzzle # 35

9	2	8	6	1	7	5	4	3
7	6	3	4	2	5	1	8	9
1	4	5	9	8	3	2	7	6
8	3	7	2	5	6	4	9	1
6	5	1	8	9	4	7	3	2
2	9	4	7	3	1	6	5	8
4	1	9	3	7	2	8	6	5
3	7	2	5	6	8	9	1	4
5	8	6	1	4	9	3	2	7

Puzzle # 36

2	8	7	3	9	4	1	5	6
6	4	5	7	1	2	9	3	8
1	9	3	8	6	5	4	2	7
5	1	9	4	8	6	2	7	3
4	3	2	5	7	1	6	8	9
8	7	6	2	3	9	5	1	4
7	2	1	6	4	8	3	9	5
9	6	8	1	5	3	7	4	2
3	5	4	9	2	7	8	6	1

Puzzle # 37

7	4	6	8	1	5	3	9	2
8	5	9	2	3	4	1	7	6
1	2	3	6	7	9	4	8	5
2	8	7	5	4	6	9	3	1
6	9	4	1	8	3	2	5	7
5	3	1	9	2	7	6	4	8
3	6	2	4	5	8	7	1	9
9	7	5	3	6	1	8	2	4
4	1	8	7	9	2	5	6	3

Puzzle # 38

2	7	8	4	9	5	3	6	1
6	9	1	8	7	3	2	5	4
5	3	4	6	2	1	8	7	9
8	2	6	9	5	7	1	4	3
7	4	3	1	8	6	5	9	2
1	5	9	3	4	2	7	8	6
3	6	5	7	1	4	9	2	8
9	1	7	2	6	8	4	3	5
4	8	2	5	3	9	6	1	7

Puzzle # 39

2	8	4	1	9	7	6	3	5
9	5	3	6	2	8	7	4	1
7	1	6	5	4	3	9	2	8
3	4	9	2	7	5	8	1	6
8	6	7	9	1	4	2	5	3
1	2	5	8	3	6	4	7	9
5	3	2	4	6	9	1	8	7
6	7	1	3	8	2	5	9	4
4	9	8	7	5	1	3	6	2

Puzzle # 40

5	7	9	3	1	8	4	6	2
3	1	4	2	6	5	8	7	9
6	2	8	7	4	9	3	1	5
1	4	6	9	2	3	5	8	7
9	5	2	8	7	1	6	4	3
8	3	7	4	5	6	2	9	1
4	9	1	6	3	2	7	5	8
7	8	3	5	9	4	1	2	6
2	6	5	1	8	7	9	3	4

Puzzle # 41

8	9	1	5	6	7	3	4	2
3	4	7	9	8	2	5	6	1
2	5	6	3	1	4	8	9	7
7	8	9	2	3	1	6	5	4
4	6	3	7	5	9	1	2	8
1	2	5	8	4	6	9	7	3
9	1	4	6	2	8	7	3	5
6	3	8	4	7	5	2	1	9
5	7	2	1	9	3	4	8	6

Puzzle # 42

7	2	6	1	3	5	9	8	4
4	1	9	8	6	7	5	3	2
3	5	8	2	4	9	7	1	6
2	9	7	5	1	4	8	6	3
5	8	4	6	7	3	1	2	9
6	3	1	9	8	2	4	7	5
1	4	2	3	9	8	6	5	7
9	6	3	7	5	1	2	4	8
8	7	5	4	2	6	3	9	1

Puzzle # 43

5	4	1	2	3	7	6	9	8
8	6	7	9	5	4	1	3	2
9	2	3	1	8	6	5	7	4
3	1	8	5	4	9	7	2	6
4	9	5	6	7	2	3	8	1
2	7	6	8	1	3	4	5	9
7	8	9	3	6	1	2	4	5
1	5	4	7	2	8	9	6	3
6	3	2	4	9	5	8	1	7

Puzzle # 44

8	2	4	7	6	9	1	3	5
3	7	1	4	2	5	9	8	6
9	5	6	1	8	3	7	2	4
7	3	2	9	1	6	4	5	8
6	8	5	2	7	4	3	1	9
4	1	9	3	5	8	6	7	2
2	4	8	6	3	1	5	9	7
5	9	3	8	4	7	2	6	1
1	6	7	5	9	2	8	4	3

Puzzle # 45

9	3	6	2	1	7	5	8	4
5	1	7	8	4	6	9	2	3
8	4	2	5	3	9	1	6	7
6	5	3	9	7	1	8	4	2
4	7	8	3	5	2	6	9	1
2	9	1	4	6	8	3	7	5
7	8	5	6	2	3	4	1	9
1	6	4	7	9	5	2	3	8
3	2	9	1	8	4	7	5	6

Puzzle # 46

4	7	3	1	5	9	6	2	8
1	2	8	7	6	4	3	5	9
6	9	5	2	8	3	4	1	7
2	8	4	9	3	5	7	6	1
5	1	7	6	4	2	9	8	3
9	3	6	8	7	1	5	4	2
8	6	1	4	9	7	2	3	5
7	5	2	3	1	6	8	9	4
3	4	9	5	2	8	1	7	6

Puzzle # 47

6	1	2	4	8	7	5	9	3
8	9	3	6	5	1	7	2	4
4	7	5	9	3	2	8	1	6
1	2	9	8	4	5	6	3	7
5	4	6	3	7	9	1	8	2
7	3	8	2	1	6	4	5	9
3	8	1	7	2	4	9	6	5
2	6	7	5	9	8	3	4	1
9	5	4	1	6	3	2	7	8

Puzzle # 48

9	3	2	5	7	1	8	4	6
8	1	6	2	3	4	7	5	9
7	4	5	9	6	8	1	2	3
1	9	3	7	4	6	2	8	5
6	2	4	8	9	5	3	1	7
5	7	8	1	2	3	9	6	4
2	5	9	6	8	7	4	3	1
3	6	7	4	1	2	5	9	8
4	8	1	3	5	9	6	7	2

Puzzle # 49

2	7	1	4	9	3	6	8	5
4	6	8	2	7	5	1	9	3
3	9	5	6	8	1	2	7	4
6	5	9	1	3	7	4	2	8
8	4	7	5	6	2	3	1	9
1	3	2	9	4	8	5	6	7
9	2	6	7	5	4	8	3	1
5	1	3	8	2	9	7	4	6
7	8	4	3	1	6	9	5	2

Puzzle # 50

1	6	9	8	3	7	2	5	4
2	3	4	5	1	9	6	8	7
7	8	5	6	2	4	1	3	9
9	2	8	4	7	1	3	6	5
6	4	1	3	8	5	7	9	2
3	5	7	9	6	2	8	4	1
8	9	2	1	5	3	4	7	6
5	7	6	2	4	8	9	1	3
4	1	3	7	9	6	5	2	8

Puzzle # 51

5	3	6	7	2	4	8	1	9
8	1	4	3	9	6	5	2	7
7	2	9	1	5	8	4	6	3
6	4	2	9	8	7	1	3	5
9	8	1	6	3	5	7	4	2
3	5	7	2	4	1	9	8	6
4	9	5	8	6	2	3	7	1
1	6	8	5	7	3	2	9	4
2	7	3	4	1	9	6	5	8

Puzzle # 52

5	8	1	3	2	9	7	4	6
4	2	3	7	6	5	1	8	9
6	7	9	1	8	4	2	3	5
7	5	2	8	9	3	6	1	4
1	9	8	4	7	6	5	2	3
3	4	6	2	5	1	8	9	7
2	3	4	6	1	7	9	5	8
9	1	7	5	3	8	4	6	2
8	6	5	9	4	2	3	7	1

Puzzle # 53

3	2	5	9	8	1	6	7	4
7	9	6	2	3	4	1	5	8
8	4	1	6	5	7	9	2	3
6	7	3	4	9	8	5	1	2
4	5	8	1	7	2	3	9	6
9	1	2	5	6	3	8	4	7
1	6	7	3	4	9	2	8	5
2	3	4	8	1	5	7	6	9
5	8	9	7	2	6	4	3	1

Puzzle # 54

9	7	1	2	3	8	5	4	6
5	8	6	4	9	7	3	1	2
3	2	4	6	1	5	8	7	9
2	1	8	9	5	6	7	3	4
7	5	3	1	4	2	9	6	8
6	4	9	7	8	3	2	5	1
4	6	7	5	2	9	1	8	3
1	3	2	8	7	4	6	9	5
8	9	5	3	6	1	4	2	7

Puzzle # 55

8	9	7	3	6	2	4	5	1
5	4	6	1	8	9	7	2	3
2	1	3	4	5	7	9	8	6
9	6	8	5	4	3	1	7	2
4	3	1	7	2	8	6	9	5
7	2	5	9	1	6	3	4	8
6	5	9	8	3	4	2	1	7
3	8	4	2	7	1	5	6	9
1	7	2	6	9	5	8	3	4

Puzzle # 56

2	1	4	6	8	9	7	5	3
5	7	8	4	3	1	9	6	2
6	3	9	7	5	2	4	8	1
3	4	5	9	7	8	2	1	6
8	6	7	2	1	5	3	9	4
9	2	1	3	4	6	5	7	8
1	8	3	5	9	4	6	2	7
4	9	2	1	6	7	8	3	5
7	5	6	8	2	3	1	4	9

Puzzle # 57

7	4	3	8	2	5	9	6	1
9	2	1	6	4	3	5	8	7
6	5	8	9	7	1	3	2	4
1	9	4	7	6	2	8	5	3
8	7	6	3	5	4	2	1	9
2	3	5	1	9	8	4	7	6
4	8	9	2	1	7	6	3	5
5	1	2	4	3	6	7	9	8
3	6	7	5	8	9	1	4	2

Puzzle # 58

4	1	6	3	9	2	7	8	5
3	2	9	8	5	7	4	6	1
7	8	5	6	4	1	3	9	2
8	6	1	4	7	5	2	3	9
2	3	7	1	8	9	5	4	6
9	5	4	2	3	6	8	1	7
1	7	3	5	6	8	9	2	4
5	4	2	9	1	3	6	7	8
6	9	8	7	2	4	1	5	3

Puzzle # 59

2	1	8	9	5	3	7	6	4
9	4	3	7	1	6	8	5	2
6	5	7	2	8	4	3	9	1
8	7	6	5	4	1	9	2	3
5	9	4	8	3	2	6	1	7
3	2	1	6	7	9	4	8	5
1	8	2	3	9	7	5	4	6
4	3	9	1	6	5	2	7	8
7	6	5	4	2	8	1	3	9

Puzzle # 60

8	6	3	5	9	2	4	1	7
9	4	2	6	1	7	3	8	5
5	7	1	8	4	3	2	6	9
2	5	7	4	8	6	9	3	1
1	8	4	7	3	9	6	5	2
6	3	9	2	5	1	8	7	4
4	9	8	3	7	5	1	2	6
3	2	5	1	6	4	7	9	8
7	1	6	9	2	8	5	4	3

Puzzle # 61

2	1	5	7	9	3	8	6	4
6	7	9	8	1	4	5	2	3
8	3	4	5	6	2	1	9	7
9	5	3	2	7	1	6	4	8
1	4	8	9	3	6	7	5	2
7	6	2	4	5	8	9	3	1
3	8	6	1	4	5	2	7	9
4	9	1	6	2	7	3	8	5
5	2	7	3	8	9	4	1	6

Puzzle # 62

3	7	8	4	6	5	2	9	1
9	4	5	2	3	1	7	6	8
6	1	2	8	9	7	3	4	5
5	6	1	9	2	8	4	7	3
8	9	3	7	4	6	5	1	2
4	2	7	5	1	3	6	8	9
2	8	6	1	5	4	9	3	7
7	5	4	3	8	9	1	2	6
1	3	9	6	7	2	8	5	4

Puzzle # 63

6	7	8	5	1	4	2	3	9
3	2	5	7	6	9	4	1	8
4	9	1	3	8	2	6	7	5
9	4	3	1	7	5	8	2	6
5	8	2	6	9	3	1	4	7
1	6	7	4	2	8	9	5	3
2	5	6	9	3	1	7	8	4
8	3	9	2	4	7	5	6	1
7	1	4	8	5	6	3	9	2

Puzzle # 64

1	5	8	7	4	3	9	2	6
7	6	9	5	1	2	3	4	8
2	3	4	9	6	8	7	1	5
3	9	1	8	5	7	2	6	4
4	8	7	2	9	6	1	5	3
5	2	6	4	3	1	8	7	9
6	7	5	3	2	9	4	8	1
9	4	2	1	8	5	6	3	7
8	1	3	6	7	4	5	9	2

Puzzle # 65

8	3	9	2	1	5	7	6	4
6	4	1	3	7	9	8	2	5
7	5	2	4	8	6	3	1	9
1	9	4	8	3	2	5	7	6
5	8	6	1	9	7	4	3	2
3	2	7	5	6	4	1	9	8
4	6	3	9	5	1	2	8	7
2	7	8	6	4	3	9	5	1
9	1	5	7	2	8	6	4	3

Puzzle # 66

9	1	5	8	7	6	2	4	3
7	8	4	2	3	9	1	5	6
6	3	2	1	5	4	7	8	9
1	4	9	5	6	3	8	7	2
2	5	6	4	8	7	3	9	1
3	7	8	9	1	2	4	6	5
4	6	7	3	2	5	9	1	8
8	9	3	6	4	1	5	2	7
5	2	1	7	9	8	6	3	4

Puzzle # 67

1	2	9	7	8	3	5	6	4
8	4	6	1	9	5	7	3	2
5	3	7	6	2	4	8	1	9
4	5	8	2	6	1	9	7	3
6	7	3	9	4	8	1	2	5
9	1	2	3	5	7	6	4	8
7	9	4	8	1	2	3	5	6
3	6	5	4	7	9	2	8	1
2	8	1	5	3	6	4	9	7

Puzzle # 68

9	5	8	7	4	1	3	6	2
2	1	7	3	5	6	8	9	4
6	3	4	8	9	2	5	7	1
5	4	9	6	1	8	7	2	3
1	8	2	9	7	3	4	5	6
3	7	6	4	2	5	1	8	9
8	2	3	1	6	7	9	4	5
4	6	1	5	8	9	2	3	7
7	9	5	2	3	4	6	1	8

Puzzle # 69

2	4	6	8	3	5	9	7	1
9	5	1	2	6	7	3	4	8
3	8	7	9	1	4	2	5	6
1	7	9	6	8	3	4	2	5
8	2	5	7	4	1	6	9	3
4	6	3	5	9	2	1	8	7
7	3	2	1	5	9	8	6	4
6	9	4	3	7	8	5	1	2
5	1	8	4	2	6	7	3	9

Puzzle # 70

4	9	7	3	2	6	5	8	1
2	8	6	1	5	4	9	7	3
5	1	3	9	7	8	2	4	6
1	6	9	5	4	2	7	3	8
8	4	5	7	6	3	1	9	2
7	3	2	8	1	9	4	6	5
9	7	1	6	8	5	3	2	4
3	2	8	4	9	1	6	5	7
6	5	4	2	3	7	8	1	9

Puzzle # 71

9	3	8	5	1	2	4	6	7
4	2	7	6	9	3	5	8	1
5	1	6	7	8	4	3	2	9
6	8	1	3	7	9	2	4	5
3	5	4	2	6	1	7	9	8
2	7	9	4	5	8	1	3	6
1	6	2	9	3	7	8	5	4
7	4	5	8	2	6	9	1	3
8	9	3	1	4	5	6	7	2

Puzzle # 72

7	2	4	6	5	1	8	9	3
3	6	1	8	7	9	5	2	4
5	8	9	4	3	2	6	7	1
4	3	6	2	1	7	9	5	8
8	5	2	3	9	6	1	4	7
9	1	7	5	4	8	3	6	2
2	9	5	7	8	3	4	1	6
6	4	8	1	2	5	7	3	9
1	7	3	9	6	4	2	8	5

Puzzle # 73

8	3	2	7	5	9	6	1	4
4	6	1	3	2	8	9	7	5
5	7	9	4	1	6	3	2	8
9	4	5	8	6	2	1	3	7
6	8	7	9	3	1	4	5	2
1	2	3	5	7	4	8	9	6
2	9	4	1	8	7	5	6	3
3	1	6	2	4	5	7	8	9
7	5	8	6	9	3	2	4	1

Puzzle # 74

3	7	5	6	4	9	8	2	1
1	2	4	3	8	7	5	6	9
9	6	8	1	2	5	3	7	4
5	8	7	2	1	6	4	9	3
2	3	6	9	5	4	7	1	8
4	9	1	8	7	3	6	5	2
6	5	9	4	3	2	1	8	7
7	1	3	5	9	8	2	4	6
8	4	2	7	6	1	9	3	5

Puzzle # 75

3	5	2	6	9	8	7	1	4
4	7	1	3	2	5	8	9	6
6	8	9	7	4	1	2	3	5
5	6	7	9	8	3	4	2	1
9	2	8	4	1	6	5	7	3
1	4	3	2	5	7	6	8	9
7	9	6	5	3	2	1	4	8
2	1	4	8	6	9	3	5	7
8	3	5	1	7	4	9	6	2

Puzzle # 76

3	6	9	2	1	7	5	4	8
7	4	2	6	8	5	9	3	1
8	1	5	9	3	4	6	7	2
6	3	7	8	2	1	4	9	5
1	9	8	5	4	3	2	6	7
5	2	4	7	9	6	8	1	3
9	5	6	3	7	2	1	8	4
2	7	1	4	6	8	3	5	9
4	8	3	1	5	9	7	2	6

Puzzle # 77

5	3	1	6	4	8	9	7	2
7	4	9	2	5	1	8	6	3
8	6	2	9	7	3	1	4	5
2	5	8	4	3	7	6	9	1
3	1	7	8	9	6	2	5	4
6	9	4	5	1	2	3	8	7
1	8	3	7	6	4	5	2	9
4	2	5	3	8	9	7	1	6
9	7	6	1	2	5	4	3	8

Puzzle # 78

9	4	3	8	6	5	1	2	7
6	2	5	7	1	9	8	3	4
7	1	8	4	3	2	5	6	9
1	3	2	5	4	7	9	8	6
8	7	6	3	9	1	4	5	2
4	5	9	2	8	6	7	1	3
3	9	1	6	5	4	2	7	8
2	8	4	1	7	3	6	9	5
5	6	7	9	2	8	3	4	1

Puzzle # 79

6	7	1	8	2	9	4	5	3
8	9	3	4	5	1	6	7	2
2	4	5	3	6	7	9	8	1
5	1	6	7	9	8	3	2	4
9	2	4	1	3	5	8	6	7
3	8	7	6	4	2	1	9	5
4	3	2	9	7	6	5	1	8
7	6	8	5	1	3	2	4	9
1	5	9	2	8	4	7	3	6

Puzzle # 80

8	6	4	1	3	9	5	7	2
7	2	5	4	6	8	9	1	3
1	3	9	5	7	2	8	6	4
6	4	3	9	1	5	7	2	8
9	7	1	8	2	3	6	4	5
2	5	8	6	4	7	3	9	1
5	1	2	3	9	6	4	8	7
4	8	6	7	5	1	2	3	9
3	9	7	2	8	4	1	5	6

Puzzle # 81

5	4	8	6	1	2	9	3	7
2	7	6	4	3	9	8	5	1
3	1	9	8	7	5	2	6	4
8	6	4	5	2	3	1	7	9
1	5	2	9	6	7	3	4	8
7	9	3	1	8	4	6	2	5
6	8	7	2	5	1	4	9	3
4	3	1	7	9	6	5	8	2
9	2	5	3	4	8	7	1	6

Puzzle # 82

5	8	4	9	6	2	3	1	7
1	9	6	5	3	7	2	8	4
7	3	2	4	1	8	5	6	9
8	7	3	2	9	4	1	5	6
4	2	9	6	5	1	8	7	3
6	1	5	8	7	3	9	4	2
9	5	1	7	2	6	4	3	8
2	4	7	3	8	5	6	9	1
3	6	8	1	4	9	7	2	5

Puzzle # 83

4	6	3	1	8	5	2	7	9
5	1	8	7	2	9	3	4	6
9	7	2	4	3	6	8	5	1
3	5	7	2	6	1	4	9	8
1	9	6	5	4	8	7	2	3
2	8	4	3	9	7	6	1	5
6	2	9	8	5	4	1	3	7
8	3	1	9	7	2	5	6	4
7	4	5	6	1	3	9	8	2

Puzzle # 84

6	5	9	7	4	8	1	2	3
8	7	1	9	2	3	5	6	4
2	4	3	1	5	6	7	9	8
1	2	5	8	3	4	6	7	9
3	6	4	2	9	7	8	5	1
7	9	8	6	1	5	3	4	2
5	3	6	4	8	2	9	1	7
9	8	2	5	7	1	4	3	6
4	1	7	3	6	9	2	8	5

Puzzle # 85

6	7	5	2	9	4	1	8	3
9	4	3	8	1	6	2	7	5
1	8	2	3	5	7	4	6	9
4	1	6	5	7	9	8	3	2
5	9	8	6	3	2	7	4	1
2	3	7	1	4	8	9	5	6
7	6	1	4	2	5	3	9	8
3	5	4	9	8	1	6	2	7
8	2	9	7	6	3	5	1	4

Puzzle # 86

8	3	1	6	7	9	4	5	2
5	7	2	4	3	8	6	9	1
9	6	4	1	2	5	7	3	8
2	5	6	8	4	1	9	7	3
3	8	7	5	9	2	1	6	4
4	1	9	7	6	3	8	2	5
1	2	8	9	5	7	3	4	6
6	9	5	3	8	4	2	1	7
7	4	3	2	1	6	5	8	9

Puzzle # 87

2	1	8	9	7	5	4	6	3
3	4	5	8	6	1	9	7	2
7	6	9	4	3	2	5	1	8
1	8	2	7	9	3	6	5	4
4	5	6	1	2	8	7	3	9
9	7	3	6	5	4	2	8	1
6	9	1	3	4	7	8	2	5
5	3	4	2	8	6	1	9	7
8	2	7	5	1	9	3	4	6

Puzzle # 88

4	2	9	7	8	5	6	1	3
6	1	8	3	2	9	7	5	4
5	3	7	4	1	6	8	9	2
9	7	3	2	4	1	5	8	6
1	5	2	6	3	8	4	7	9
8	4	6	9	5	7	2	3	1
3	8	4	1	7	2	9	6	5
2	9	5	8	6	3	1	4	7
7	6	1	5	9	4	3	2	8

Puzzle # 89

2	9	7	1	6	4	5	8	3
1	5	3	7	9	8	2	4	6
4	6	8	5	3	2	1	9	7
3	4	9	6	1	7	8	2	5
6	2	1	8	4	5	3	7	9
7	8	5	9	2	3	4	6	1
8	7	2	3	5	9	6	1	4
9	3	6	4	8	1	7	5	2
5	1	4	2	7	6	9	3	8

Puzzle # 90

5	9	3	2	4	1	7	6	8
1	4	8	6	7	5	3	9	2
2	6	7	9	8	3	5	4	1
9	5	2	8	3	6	1	7	4
3	7	1	4	5	2	6	8	9
4	8	6	1	9	7	2	3	5
6	1	9	3	2	4	8	5	7
8	3	5	7	1	9	4	2	6
7	2	4	5	6	8	9	1	3

Puzzle # 91

9	8	4	7	2	6	5	1	3
5	6	7	9	1	3	8	2	4
3	1	2	8	5	4	6	7	9
4	5	1	6	7	8	3	9	2
8	2	9	4	3	5	7	6	1
7	3	6	1	9	2	4	5	8
6	7	8	2	4	9	1	3	5
1	9	3	5	8	7	2	4	6
2	4	5	3	6	1	9	8	7

Puzzle # 92

7	3	6	8	1	4	5	2	9
5	8	9	6	2	3	7	1	4
2	4	1	7	5	9	8	6	3
9	7	5	4	3	6	1	8	2
3	1	4	2	8	5	9	7	6
6	2	8	9	7	1	3	4	5
4	9	7	3	6	8	2	5	1
8	5	3	1	4	2	6	9	7
1	6	2	5	9	7	4	3	8

Puzzle # 93

8	9	2	6	5	7	1	3	4
1	7	5	9	4	3	8	2	6
4	6	3	8	2	1	5	9	7
7	5	9	3	8	4	2	6	1
3	8	1	7	6	2	9	4	5
6	2	4	5	1	9	3	7	8
5	3	8	2	7	6	4	1	9
2	4	7	1	9	5	6	8	3
9	1	6	4	3	8	7	5	2

Puzzle # 94

5	4	9	6	7	8	1	3	2
3	8	2	1	4	9	6	5	7
7	6	1	3	5	2	4	9	8
4	2	8	7	3	1	5	6	9
6	3	7	9	2	5	8	1	4
9	1	5	4	8	6	2	7	3
8	9	3	5	6	4	7	2	1
2	7	6	8	1	3	9	4	5
1	5	4	2	9	7	3	8	6

Puzzle # 95

2	6	9	8	1	4	3	5	7
8	4	3	5	6	7	2	9	1
5	7	1	9	3	2	6	4	8
1	3	5	4	7	6	9	8	2
4	9	6	2	8	1	5	7	3
7	2	8	3	5	9	4	1	6
3	5	2	1	9	8	7	6	4
6	1	4	7	2	5	8	3	9
9	8	7	6	4	3	1	2	5

Puzzle # 96

2	5	4	9	1	3	7	6	8
9	6	8	4	2	7	5	3	1
1	7	3	5	6	8	4	9	2
7	9	1	6	5	2	8	4	3
5	3	6	1	8	4	9	2	7
4	8	2	7	3	9	1	5	6
3	2	5	8	9	1	6	7	4
8	4	9	3	7	6	2	1	5
6	1	7	2	4	5	3	8	9

Puzzle # 97

5	3	7	9	4	8	6	2	1
9	4	2	6	1	3	5	7	8
1	8	6	2	7	5	4	3	9
8	2	1	5	6	7	3	9	4
7	5	3	4	8	9	1	6	2
6	9	4	1	3	2	8	5	7
4	7	8	3	9	6	2	1	5
3	1	5	7	2	4	9	8	6
2	6	9	8	5	1	7	4	3

Puzzle # 98

5	7	2	9	4	6	8	3	1
3	1	8	5	2	7	6	9	4
6	4	9	3	1	8	5	2	7
7	8	4	2	9	5	1	6	3
9	5	3	8	6	1	7	4	2
1	2	6	4	7	3	9	5	8
2	6	7	1	3	9	4	8	5
4	9	5	7	8	2	3	1	6
8	3	1	6	5	4	2	7	9

Puzzle # 99

8	5	2	6	1	7	4	3	9
6	3	7	8	4	9	2	1	5
9	4	1	3	5	2	8	6	7
7	2	8	9	3	1	5	4	6
4	9	5	2	8	6	3	7	1
1	6	3	4	7	5	9	2	8
5	7	9	1	2	3	6	8	4
3	1	4	5	6	8	7	9	2
2	8	6	7	9	4	1	5	3

Puzzle # 100

9	3	2	7	1	8	4	6	5
1	7	8	5	4	6	2	3	9
4	5	6	2	3	9	8	1	7
3	6	9	4	7	2	1	5	8
5	4	7	1	8	3	9	2	6
8	2	1	9	6	5	3	7	4
2	9	3	6	5	4	7	8	1
7	8	5	3	9	1	6	4	2
6	1	4	8	2	7	5	9	3

www.ingramcontent.com/pod-product-compliance
Lightning Source LLC
Chambersburg PA
CBHW081432220526
45466CB00008B/2354